高职高专服装专业纺织服装教育学会“十二五”规划教材

服饰色彩搭配

段卫红 主编
张翔 张利丽 常丽霞 孔令奇 郭传神 副主编

中国轻工业出版社

图书在版编目（CIP）数据

服饰色彩搭配 / 段卫红主编. —北京：中国轻工业出版社，2023.8

高职高专服装专业纺织服装教育学会“十二五”规划教材

ISBN 978-7-5019-9912-5

Ⅰ. ①服… Ⅱ. ①段… Ⅲ. ①服饰—色彩学—高等职业教育—教材 Ⅳ. ①TS941.11

中国版本图书馆CIP数据核字（2014）第204316号

责任编辑：李　红　　责任终审：张乃柬　　封面设计：锋尚设计
版式设计：锋尚设计　　责任校对：晋　洁　　责任监印：张京华

出版发行：中国轻工业出版社（北京东长安街6号，邮编：100740）
印　　刷：艺堂印刷（天津）有限公司
经　　销：各地新华书店
版　　次：2023年8月第1版第3次印刷
开　　本：889×1194　1/16　印张：6
字　　数：150千字
书　　号：ISBN 978-7-5019-9912-5　定价：39.00元
邮购电话：010-65241695
发行电话：010-85119835　传真：85113293
网　　址：http://www.chlip.com.cn
Email：club@chlip.com.cn
如发现图书残缺请与我社邮购联系调换
231143J2C103ZBQ

高职高专服装专业纺织服装教育学会“十二五”规划教材编委会

前言

色彩是服装感观的第一印象，人们通过服装色彩的搭配表达服饰文化、情趣和风格，体现自我素养、审美理想、审美情趣和审美水平等内在气质和外在风采。服装色彩搭配是服装设计的要素之一，具有极强的吸引力和时代感，是体现人们精神面貌的服饰语言艺术。

本教材通过理论、方法、应用、采集四章的教学内容，用多幅配色实例、主题教学法和课程实践指导实例，围绕职业性、技术性、示范性和创新性为纲要编著成教材。特别是第二章学习方法篇中，通过向传统艺术学习色彩、向绘画大师学习配色、在自然界和日常生活中学习色彩搭配的讲授和典型案例赏析，使学生获得更多的服饰色彩搭配方法、技巧与启迪，提高自己的审美和色彩搭配能力。教学内容设计循序渐进，由浅入深，实用易学。

目录
contents

第一章

服装色彩搭配理论基础

第一节 服装色彩的基础知识

一、服装色彩基础知识

1. 服装色彩的光与色

光是一种电磁辐射能，不同服装材料的表面分子结构决定了它们吸收和反射光谱中的不同波长，反射的就是我们肉眼看到的可见光，吸收的就是不可见光。因此，服装色彩并不是物体本身存在的东西，而是光作用于服装材料在人的视觉中产生的反应。

研究表明，看似无色的光线，经过三棱镜的折射，会分解出7种主要色光，它们依次为：红、橙、黄、绿、青、蓝、紫，如图1-1-1所示。由此实验得出光是由红、橙、黄、绿、青、蓝、紫七种色光组成，这种现象称为光谱现象。光谱现象解释了光的组成。光谱中不能再分解的光叫单色光，由单色混合而成的光称为复色光。

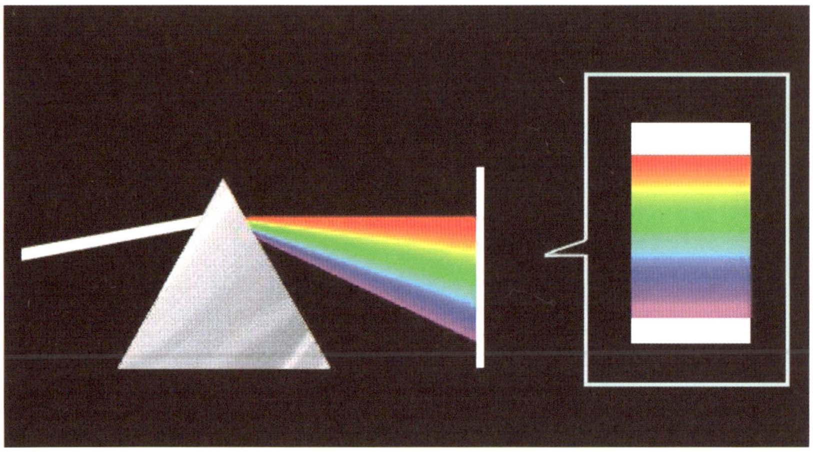

▲图1-1-1 三棱镜折射出的光

2. 服装物体色

服装本身并不发光，它是经光源照射，服装对光的吸收、反射后，反映到视觉中的光色感觉——这些本身不发光的色彩统称服装物体色。服装物体色是由两个因素决定的：一是服装材料本身固有的属性（不透明、半透明、透明）；二是光源的性质（即光源的色彩）。

二、服装色彩的属性

服装色彩遵循了三原色（通常说的三原色即红、绿、蓝三色）的基调规律变化，分为色相和色调的变化两个方面。服装色彩需要同时具有色彩的三个属性，即明度、色相、纯度，明度和纯度在服装色彩基调规律中被称为色调。

1. 服装色彩三要素

色相、明度、纯度是色彩的最基本属性，又称色彩三要素。

色相（Hue），即各类色彩的相貌称谓，它是色彩的首要特征，如红、橙、蓝、绿、青、紫、粉等。色相作为色彩的三属性之一，与其他两个相比最为明确和单纯。色相最基本的色彩有红、橙、黄、绿、蓝、紫。在基本的色彩之间加插中间色，按光谱顺序排列，就形成了12个基本的色相，如图1–1–2所示；再进一步找中间色，便得到了24个色相，如按圆周方式环形排列，也就得到了24色相环，如图1–1–3所示。色相环展现了色相的基本秩序，有助于人们观察和理解色彩的原理和色彩的应用。

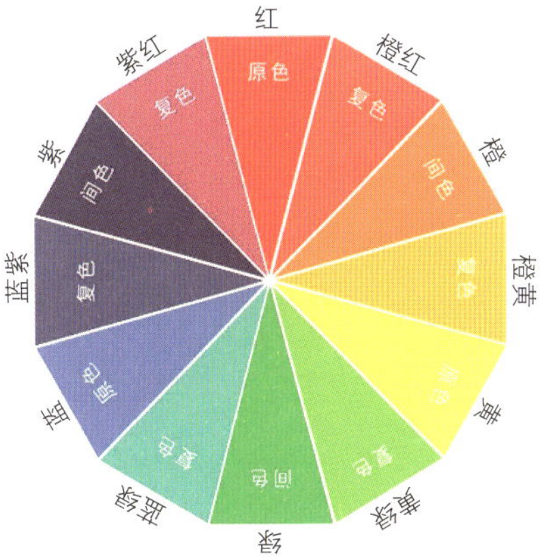

▲图1–1–2　12个基本色相

▲图1–1–3　24色相环

明度（Value），明度是指色彩的明暗程度，也称色彩的亮度、深浅。纯色本身就有明度变化，色相环中黄色明度最高、最亮，紫色明度最低、最暗。颜色中含白越多的色越亮，含黑越多的色越暗，其他颜色则依次形成明度的过渡转化。服装色彩设计的层次空间主要是靠明度的对比来表现的。色彩的明度有两种情况：一种是同一个颜色加黑、白以后产生不同的明暗层次；另一种是各种颜色的明度变化，如黄色与紫色比，黄色就比较明亮等。如图1–1–4、图1–1–5所示。

▲图1–1–4　色相推移，明度推移

纯度（Chroma），指色彩的鲜艳程度或色彩的纯净程度。色彩的纯度也可以称为饱和度、彩度、鲜艳度、含灰度等，它表示的是颜色中所含的色彩的比例成分。从理论上讲，三原色纯度最高，间色次之，复色、再复色则纯度逐渐降低，纯度越高，色彩越鲜艳。纯色的彩度最高，纯色无论加入什么色彩混合，其彩度均降低。加入白色或黑色时，色彩纯度改变，彩度变低。红色的彩度最高，无彩色的彩度最低。按其纯度来分可以分为高纯度色调、中纯度色调，低纯度色调，如图1–1–6所示。

▶ 图1-1-5 Christian Dior、Cheap And Chic作品

▼ 图1-1-6 Gucci、Chloe、Richard Nicoll服装秀

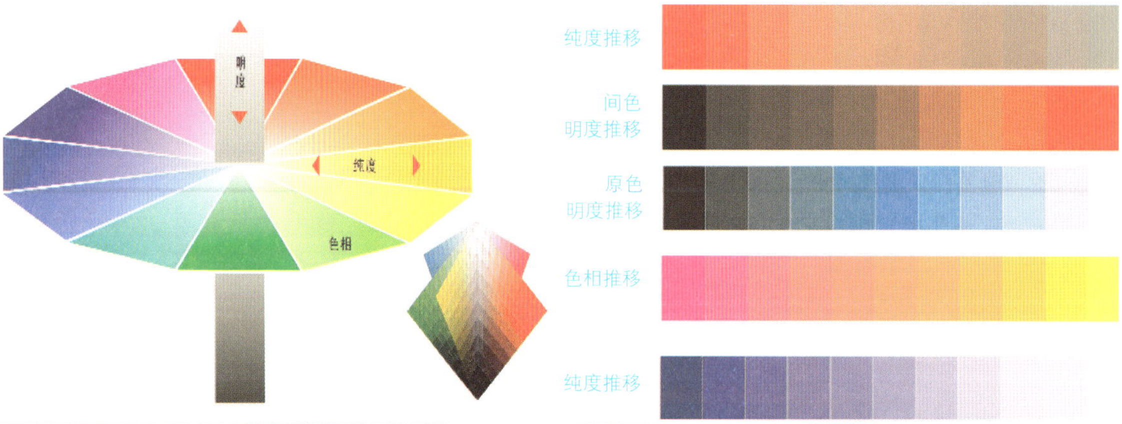

2. 服装的色调

服装的色调是服装色彩总的倾向。服装的色调是由色相、明度、纯度三属性而决定。服装的色调从色相上区分，可分为红色调、黄色调、蓝色调、绿色调等，如图1–1–7所示。

服装的色调从明度上区分，可分为亮色调、暗色调、灰色调，如图1–1–8所示。

服装的色调从纯度上分，可分为鲜色调、浊色调，如图1–1–9所示。

服装色彩搭配的色调是色彩的重要外观特征，也是配色的关键，色调相同的配色，即使改变色相，其色彩整体效果也不会受到大的影响。

◀图1–1–7
Salvatore Ferragamo、Elie Saab服装秀

▲图1-1-8　Dior HC、Blugir、Sacai服装秀

▶图1-1-9　Blumarine、BCBG Max Azria服装秀

3. 服装色彩的分类

服装色彩可分为无彩色系与有彩色系。

无彩色系指在视觉上无法辨别其属于哪种色相的色彩，称为无彩色，包括黑、白、灰。无彩色系从黑到深灰到浅灰到白的一系列中性灰色，明度从0变化到100，而彩度为0，色相感为0。从物理学角度看，黑白灰不包括在可见光谱中，但从心理学角度看，无彩色有着完整单纯的色彩性质，在色彩体系中扮演着重要角色，在服装配色中有其重要的任务。相对于彩色系列，黑、白、灰搭配最具有怀旧情结，是永恒的流行色。在与有彩色搭配时，任何无彩色与有彩色都易取得和谐色调，如图1-1-10至图1-1-13所示。

有彩色指可见光谱中全部的色彩，包括红、橙、黄、绿、青、蓝、紫。有彩色是多元化的，具备明度、色相、纯度三种属性，颜色变化十分丰富，如图1-1-14所示。

▲图1-1-10 PPQ作品

▲图1-1-11 Barbara Bui作品

▲图1-1-12 Dior HC作品1

▲图1-1-13 Dior HC作品2

▲图1-1-14 Dolce&Gabbana、Elie Saab、Monique Lhuillier、Roland Mouret服装秀

第二节 服装色彩搭配的特性

一、服装色彩物理效应

眼睛在接受外部色彩的刺激时，会被传入大脑，大脑经过思维会与以往日常生活中色彩的感受经验相联系，从而引发出一定的精神情绪等行为，这一过程就是色彩的视觉效应。人们对绝大多数色彩的心理感受是相同的，在服装色彩搭配应用中要充分考虑色彩的视觉效应，能使色彩的搭配更出彩。

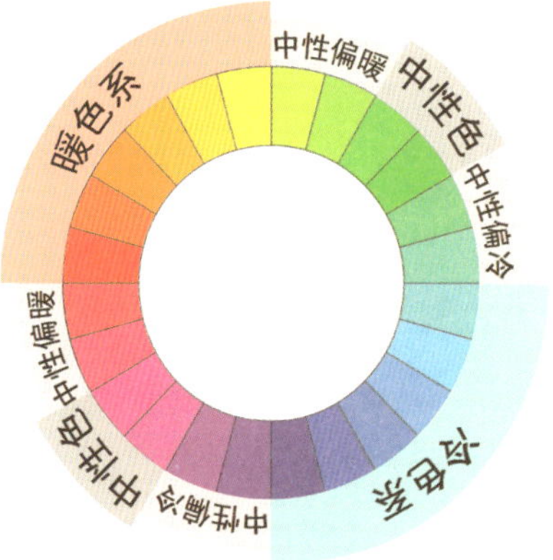

1. 服装色彩搭配的冷暖感特性

色彩的冷暖倾向、感觉是由人对现实生活中不同事物颜色的感受而产生的一种感官体验联想，是人的一种主观心理因素。波长长的红色和橙、黄色，具有温暖感觉；波长短的紫色、蓝色、绿色，具有寒冷感觉。无彩色系整体倾向于寒冷的感觉。在服装色彩搭配设计中要充分考虑色彩的这种心理现象，暖色系较适合用来设计冬装，温暖身心；冷色系较适合用来设计夏装，冰爽清凉。冷色系看上去沉静、有缩感暖色系看上去热情，有扩张感，如图1-2-1所示。

▲图1-2-1　Christian Dior、Acne、Giorgio Armani、BurberryProrsum、Antonio Marras服装秀

2. 服装色彩搭配的膨胀与收缩感特性

暖色、明度高的色彩给人视觉刺激感是膨胀放大的，冷色、明度低的色彩给人的视觉感是收缩的。在服装色彩搭配设计中要充分考虑色彩的这种心理现象，可以利用膨胀色彩突出设计体型优势部位，弥补身材缺陷，如图1-2-2所示。

▼图1-2-2　Versace、Grand Blue、Phillip Lim、Reno mezger zinzin服装秀

3. 服装色彩搭配的轻重感特性

不同色彩的服装随着人们的生活体验和联想会产生轻重不同的感觉，而这种与实际重量不相符的视觉效果，称为色彩的轻重感。决定色彩轻重感的因素如下所述。

明度：色彩的明度越高越具轻盈感，明度越低越具重量感。

纯度：在同明度、同色相条件下，纯度高的感觉轻，纯度低的感觉重。

色相：暖色黄、橙、红给人的感觉轻，冷色蓝、蓝绿、蓝紫给人的感觉重。

材料：不同材料的质感和肌理视觉效果也会产生轻重感，像同样色彩的纱料和棉织物、毛织物就会有不同的重量感。

在服装色彩搭配设计中，轻色在上，重色在下易取得平衡、稳定的视觉效果。相反重色在上，轻色在下，会产生动感和不稳定的效果，在服装设计中要根据不同的需要选择不同的配色设计，如图1-2-3所示。

4. 服装色彩搭配的华丽与朴素感特性

服装色彩的华丽与质朴，受纯度、明度和材料光泽度的影响，色相则影响微弱。纯度、明度和材料光泽度越高越有华美感，越低越有质朴感。在服装色彩搭

◀图1-2-3 ELIE SAAB、Prada、Sasha-Luss-Vogue-China-Tom-Van-Dorpe、Phillip Lim、Jason wu、Nicholas K服装秀

配设计中要充分考虑色彩的这种心理现象，华丽感色彩较适合用在舞台服装、礼服及时装设计上，朴素感色彩更多适用工作、读书及休闲等场合的服装设计，如图1-2-4所示。

5. 服装色彩搭配的兴奋与沉静感特性

服装色彩的兴奋感与沉静感，受明度、纯度和色相影响。高明度高纯度的色具有兴奋感，低明度低纯度的色具有沉静感。色相中的暖色具有兴奋感，冷色具有沉静感。最强的兴奋色是带黄的红色，最沉静的色彩是青色，绿色与紫色处于中间性质。在服装色彩搭配设计中要注意兴奋色服装可活跃气氛，适用于休闲、运动服设计，沉静色服装适合庄重、肃穆场合着装，如图1-2-5所示。

▼图1-2-4 Zuhair Murid、Michael Bastian、Marc by、Roberto-Cavalli-FW-Adv-Campaign、Zara1作品

▲图1–2–5 范思哲、Gucci、Blugirl、Prabal Gurung、Triton、Salvatore Ferragam、Antonio Marras作品

6. 服装色彩搭配的柔软与坚硬感特性

柔和的明度高、彩度低、暖色系的服装色彩称软色，明度低、彩度高、冷色系的服装色彩呈现坚硬感，软硬感与明度有直接关系。明度越低越有硬感，明度越高越有软感，高纯度、强对比的服装色彩呈硬感觉，低纯度弱对比的服装色彩呈软感觉。在童装和女装色彩搭配设计中，轻盈、高雅的柔软特性常做为主调。在男装和中性风格服装色彩搭配设计里，具有刚毅、沉着特性的坚硬感色更适合，如图1–2–6、图1–2–7所示。

7. 服装色彩搭配的明快与忧郁感特性

服装色彩的明快与忧郁主要受纯度和明度影响。纯度低的显得忧郁，纯度高的显得明快、活泼；低明度呈现忧郁阴冷，高明度则呈现明快热情。明快感的服装色彩搭配在社交场合易产生愉快的气氛，会使人心情愉悦，乐于运动。忧郁感的服装色彩搭配设计适用于庄重、肃穆的场合或特殊人物的个性情绪表达，如图1–2–8所示。

▶ 图1-2-6　Alexander Mcqueen、Christian Dior、川久保玲、Michael Bastian作品

▶ 图1-2-7　Gucci、Paul Smith作品

▲图1-2-8 Blumarine、Adidas、Versace、Etro作品

二、服装色彩与材料质地

服装的色彩是通过具体的材质来体现的，不同的服装材质具有特殊的物理属性，不同质感的材质（材料的种类、组织结构、织造方式）对同一种色彩的表现感觉产生影响。如棉织物反光率小，色彩相对稳定，明度较暗，色彩表现自然朴素、亲切，柔和；毛织物反光率小，无光泽，织物色彩明度多为中明度和低明度，纯度多为中纯度和低纯度，色彩表现为沉稳、厚重、朴实、舒适；丝缎、皮革类面料质地光滑，光泽感强，色彩多为高明度和高纯度，给人华丽、高贵、科技的感觉，如图1-2-9所示。

▲图1-2-9 Sacai、Dolce & Gabbana、Oscar de la Renta、Armani Privé作品

第三节 流行色的特征、演变及预测

流行色是新时尚的需要，人们对色彩的喜欢和追求也随着时间推移、社会的发展被新一季的流行色彩潮流替换。由于人们对色彩的敏感，色彩在服装色彩搭配设计过程中作为一种信息传递媒体有着不可或缺的地位，服装配色的感染力也远远超过了服装款式及造型还有面料材质等因素。在服装新的面料和新的工艺不断呈现的今天，我们要研究服装的色彩搭配就有必要研究流行色和掌握流行色的发生及变化规律。

一、流行色的定义和特征

流行色，英文是fashion color，中文的解释是时髦而又时尚的色彩，指在一定的时期和地区内，被大多数人所喜爱或采纳的几种或几组时髦的色彩，故也被称之为时尚色。流行色的运用范围很广，不仅局限于服装、纺织品，还包括家具、日用品、室内外环境、食品、电器等。

流行色在服装设计中是一个很重要的设计元素，是时尚服装的一个重要标志。国际流行色委员会每年都会召开会议，把一些来自消费市场的时尚色彩加以归纳、总结，提炼并发布下一个年度的流行色，一般会运用流行色卡、时尚杂志和纺织样品等媒介物质进行宣传，如图1–3–1、图1–3–2所示。

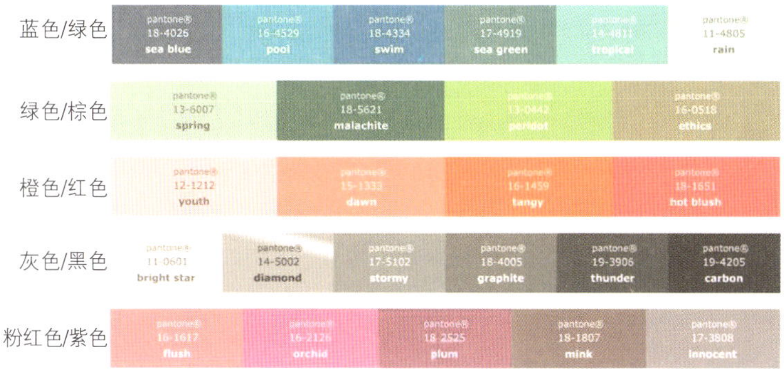

▲图1–3–1 2011春夏女装流行色分析

▲图1–3–2 2011年色彩发展趋势预测

流行色的预测和发布只不过是一种趋势和走向，其目的是为了指导生产和引导消费，它是一种与时俱进的色彩，有着流行快而周期性最短的特点。从流行色的目的和特性来看，把握流行色，寻求时尚、完善，在当今的信息时代中是十分重要的，因为流行色预测是根据科学规律来判断未来的一个发展的趋势，其预测的准确与否直接影响着商品的经济利益和竞争力。色彩的流行有着自上而下、自下而上、平行移动等形式，它的形成和发展也有着各自的特点，包括时间性、空间性、循环性。

1. 流行色的时间性

它有两个概念，一个代表的是时代性，社会时代的不同，人们在各自心理上对色彩也有着不同的要求。当一些色彩结合某些特定时代的特征，符合大众的认

陆地-水分

陆地-水分 主题白蓝绿色调表现2011年春夏系列冥想、清澈白水样精髓。
皮革：山羊皮和小牛皮带有刮过的图纹；带有镜面表面的革；光滑和不透明的蛇皮；氧化金属色压层材料
合成材料：尼龙/棉质基低；珠光处理，薄膜表面；弹性帆布；彩色，光滑表面

▲图1-3-3 2011春夏LINEAPELLE展会-色彩潮流

▲图1-3-4 Alexander McQueen作品

识、兴趣以及欲望，这些就刺激了流行色的流行。例如：随着科技和工业的发展，生态环境遭到了破坏，水源污染不断加剧，人们也开始意识到了回归自然和保护环境的重要性，因此，就有了“低碳色”、“森林色”等成为大众所热衷的喜好，如图1-3-3所示。

另一个代表的是季节性，每年发布的流行趋势预测分为春夏季和秋冬季，这是从色彩的衍生给人心理的感觉等因素考虑的。夏季气候炎热，人们渴望凉爽，因此通常服装色彩搭配设计会考虑浅色和冷色为主色调；冬季气候寒冷，深色和暖色为主色调。

2. 流行色的空间性

亦称区域性，与生活环境有很大的关系，每个国家和民族由于信仰、文化、居住环境等不同，所喜欢和禁忌的颜色也有所不同。如中国人比较喜欢喜庆色和富贵色，红色和黄色在流行色谱中经常见到，在流行趋势上中国元素常常是世界设计界聚众的焦点，如图1-3-4所示。

3. 流行色的循环性

人们在自然界中捕捉的色彩是有限的，随着时间、地区等因素的变化而变化。一般都要经过萌芽、成熟、高峰到退潮。有的持续了3～4年，而有的只有短短的1～2年就消失了。一种色彩流行过后，另一种色彩也就随之而来，而再过几年曾经消失的色彩可能又再度兴起。在某一种色彩流行时，总有几个色彩处于稚嫩期，另外几个色彩步入衰退期，如此周而复始地循环着。

二、流行色的演变及规律

流行似车轮，它总是循环往复地滚动向前。由国内外流行色演变规律可知，流行的变化周期一般为：始发期—上升期—高潮期—衰退期。整个周期经历5～7年的时间，发达国家的变化周期较快，发展中国家周期变化较慢，贫困、落后的国家和地区甚至没有明显变化。

1. 色相变化规律

色相是最容易引起注意的因素，它的变化最为明确。色相的变化一般属于突变规律，即新出现的色相与原色相在色相环上是向相反的方向转换，即是由暖色向冷色的转移，再由冷色向暖色变动，在此过程中会出现多彩的活跃期。

2. 色调变化规律

明度、纯度变化的基本规律属于延续规律。色调的变化趋势，就像人眼对强烈光线的刺激会产生疲劳感，自然转向光线较暗的环境一样，色调的变化规律是：低明度、低纯度—中明度、中纯度—高纯度、高纯度，呈渐变的规律。

三、流行色的成因与预测

色彩的流行和人们追新求异的心理有关系，对于色彩流行的研究源于欧洲，兴起在工业革命之后。工业革命之前，服装的生产主要是以手工制作为主，色彩也主要取决于客户的需求，色彩的流行也是自上而下进行传播。工业革命以后服装纺织等行业趋于成熟，色彩也逐渐成为大众关注的首要信息，色彩的预测机构和行业正是在这样的背景下逐步发展并成熟起来的。

1963年9月在法国巴黎成立了“国际流行色委员会”，每年的2月和7月都召开国际流行色专家会议，提前18个月发布春夏或秋冬流行色定案。此阶段的流行色预测的工作主要是由服装设计师、画家、色彩研究人员以及商家销售人员承担，研究色彩的演变规律，发布色彩的流行预报。协会从各个成员国提案中讨论、表决、选定一致认可的三组色彩为这个季度流行色。

中国流行色是由中国的流行色协会制定，协会通过观察国内外的一些流行色的发展状况，搜集大量的市场信息资料，对其进行分析、筛选，同时结合社会文化、政治经济等因素制定出来更符合国情的流行色。

流行色的预测是根据国际流行色惯例，为了能准确预测流行色，大批世界各地的流行色专家，根据市场色彩动向的敏锐感觉，结合调研情况从中提取信息分析，预测下一年的色彩潮流趋势。流行色的预测内容，是对未来某个时间、某个季节即将流行的色彩和色彩组合进行预测。一般分为春夏和秋冬两季节的色彩方案。同一个季节又可以有男装、女装、休闲装和童装的方案定位。随着市场不断发展和人们对服装时尚要求的提高，流行色的预测内容也在不断细分，从其性质上分为：常用色、延续色和点缀色。

流行色预测案例

春日的清晨，柔柔的晨曦透过明净的窗台，洒下一室暖暖的阳光。微风徐徐，吹过来淡淡的茉莉花香，流淌的岁月，淡淡的花香，缠绕指间的阳光……撷一片绿色，拥一片心香，用心感悟，幸福如花绽放！如图1-3-5所示。

穿越时空的浪漫

奇异的番茄红、激励人心的海蓝、清新俏丽的柠檬黄和轻盈活力的苹果绿等一系列明亮的色彩被创意组合，营造出一种鲜活烂漫的感觉。这些颜色让我们回忆起美好的童年。如图1–3–6所示。

▶ 图1–3–5　流行色预测案例1

▶ 图1–3–6　流行色预测案例2

第二章

服装色彩搭配设计的学习方法

第一节　从中国传统艺术中学习服装色彩搭配

“服装与历史文化同在”，悠久灿烂的传统服饰文化，为人类文明进步做出了巨大贡献，是世界各个民族生生不息、国脉传承的精神纽带，深深熔铸在民族的生命力、创造力和凝聚力之中。我国从原始社会的兽皮服饰到近代的长袍马褂都有着不同历史时期的文化积淀，我们的先人在漫长的服饰配色美追求中形成了中和、气韵、意境等独特的审美范畴，这种民族特征代表着中华民族的群体情感，是国家和民族的灵魂。

向中国传统服饰配色学习

（一）中国传统服饰配色特点

中国传统服装色彩受阴阳五行影响，有青、红、黑、白、黄五色之说，五色被视为正色，其余颜色则为间色。婉妙、雅致、鲜艳、高纯度、强对比是传统服饰的配色方法，强烈的对比色在金、银、黑、白等中性无彩色的搭配下自然融合，服饰呈现富丽堂皇、浑朴大方的民族气质，如图2-1-1至图2-1-3所示。

中国最具有代表性的本国传统颜色是中国红、中国黄、中国蓝。然而很多人不喜欢传统颜色搭配，觉得它俗气乡土味。听听古色诗意独特名字，你也许会从另一角度欣赏传统色彩用笔墨难以形容的美丽，灰褐不叫灰褐，叫秋香色；棕黄不叫棕黄，叫琥珀色；青色有雨过天青和鸭蛋青、石青；绿色有青碧色与松花绿；红色有石榴红、绯色、胭脂、酡颜，如图2-1-4、图2-1-5所示。

▲图2-1-1　Louis Vuitton广告片

▲图2-1-2　蔡美月秀场

▲图2-1-3　Mary Katrantzou、VERSACE作品

▲图2-1-4　三宅一生作品1

▲图2-1-5　摄影师Baldovino Barani作品、Roberto Cavalli青花瓷

典型案例赏析

中国传统民族服装配色被现代服装设计大师们应用于服装上的成功范例不胜枚举，每个作品都给人以浓郁的民族风情感。日本服装设计大师三宅一生对中国传统色彩和民间艺术的理解、应用融会贯通，将民族传统的时尚表达把握得非常到位，如图2-1-6所示。

▶图2-1-6　三宅一生作品2

（二）从中国民间剪纸中学习服装配色运用

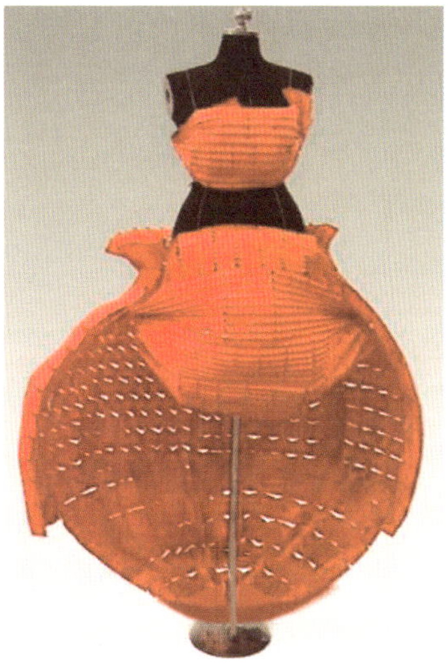

剪纸是我国传统民间手工艺术，已经有几千年的历史。据考证，从商代开始（公元前1600～1100年）就有人进行镂空刻花制作装饰品。在各种民俗活动和现代设计中，以它独特的方式默默的唤起人们对生命的追求，对生活的信念、对国富民康的企盼；充分寄托和体现了我们对真、善、美的追求和向往，成为中华民族的文化财富和艺术瑰宝。剪纸的色彩要求简中求繁，但也不乏同类色、类似色、邻近色的配置，常在对比色中求协调，服装设计中剪纸的色彩变化要求与服装的风格相协调。

1. 单色的运用

单色运用突出服装的造型和剪纸图案特征，如图2-1-7、图2-1-8所示。

▶图2-1-7 欧阳琦、三宅一生、玛切萨Marchesa作品

▲图2-1-8 陕西服装工程学院、北京服装学院学生作品

2. 双色的运用

双色是用两种颜色在明暗、深浅上的不同变化来搭配。图案采取的镂空的手法形成的阳纹是线线相连和阴纹的线线相断，形成大面积的阳纹与阴纹的对比，突显图案，如图2-1-9至图2-1-12所示。

▲图2-1-9 VERSACE作品

▲图2-1-10 NE TIGER作品

▲图2-1-11 张晓梅剪纸

▲图2-1-12 Carolina Herrera作品、Jean Paul Gaultier作品、第16届“汉帛奖”作品“财富”

3. 对比色的运用

一般运用对比色的服装风格鲜艳、明快，多运用于演出服，如图2-1-13所示。

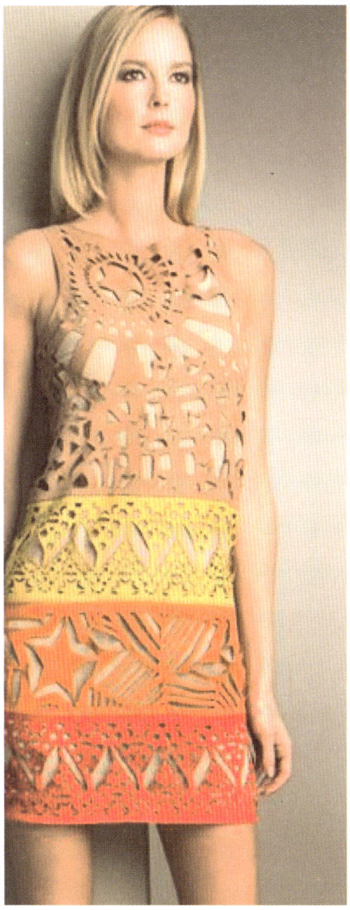

▲图2-1-13 上海滩081秋冬

典型案例赏析

在现代服装设计中，有许多设计师运用不同的手法把剪纸艺术巧妙地运用到自己的设计作品中去，不拘泥于原始形式的形与色，让世界领略到剪纸艺术的深厚文化内涵，如图2-1-14所示。

▶图2-1-14 Matthew Brodie作品

第二节　向世界绘画大师学习服装色彩搭配

绘画艺术与服装色彩

绘画运用于服装设计中，是先锋设计采用的手段之一，而抽象的现代绘画以明快的色彩、简洁的线条与服装相结合，具有得天独厚的优势，在服装中的表现特别引人注目。

纵观灿烂的服饰历史，历代绘画大师·达芬奇、安格尔、马蒂斯、毕加索等人的绘画理念与色彩表现手法都曾被许多服装设计师淋漓尽致地运用在服装设计之中，如图2-2-1至图2-2-5所示。

▼图2-2-1　三宅一生、MiuMiu作品

▲图2-2-2　Yves Saint Laurent、Basso&Brooke、love-magazine作品

▶ 图2-2-3
刘星、Benetton、adidas、junko shimada作品

▲图2-2-4　Martha-hunt、三宅一生作品

▲ 图2-2-5 祁刚、摄影师Matteo Bertolio作品、Basso&Brooke作品

典型案例赏析

蒙德里安有点像哲学家，他认为艺术应根本脱离自然的外在形式，以表现抽象精神为目的。以他的最简单的几何型绘画服装色彩搭配，抛弃人的一切情感因素，表现科学的、理性的、几何的、秩序的和极限的美，如图2-2-6至图2-2-8所示。

▲图2-2-6 Yves Saint Laurent作品1

▲ 图2-2-7　蒙德里安作品

► 图2-2-8　Yves Saint Laurent作品2

第三章

服装色彩搭配应用

第一节 美学法则在服装配色中的应用

一、服装配色的美学法则

世界上的万物都有形式与内容不可分离的两个方面，既无没有内容的形式，也无没有形式的内容。服装配色是根据美的形式规律，让观者感受到美的魅力。

服装配色中各部件是形式的客观要素，它们的组合则是按照一定的形式法则设计的，或对称、或均衡、或具有一定的比例关系，这些形式塑造出服饰整体情调。单从形式条件来评价服饰作品时，对于美或丑的感觉在大多数人中间存在着一种基本相通的共识，这就是形式美法则。

当代服饰风貌可以用日新月异来形容，人们的生活品位、审美情趣不断提高，在色彩上更加注重艺术性和搭配的设计，要求设计师遵循艺术设计的构成要素和构成法则的同时，加之理性的分析方法，以设计、艺术、美观、实用、综合功能等为基础因素进行作品构思。

服装配色形式美是对形式美规律，如：比例、统一、均衡、节奏、韵律等美学法则的综合运用，再加上对人体自然美的分析、强调、利用并以创造性的思维方式去发现和创造的形态化表现。

1. 服装配色的比例美

比例是服装各部分尺寸之间的对比关系，部分与部分或部分与整体之间的数量关系，如图3-1-1至图3-1-3所示。

服装配色整体与局部，局部与局部之间的比例关系是人们在长期的生产实践、生活活动中以人自身的视觉审美习惯总结出的各种配色标准。

2. 服装配色的平衡美

服装配色的平衡美分为对称式平衡和非对称式平衡两种形式。

人体自身就是左右对称的，服装配色平衡美的对称式平衡是相反的双方之间

▶ 图3-1-1 摄影师Stuart Weston作品、Ophelie-Guillermand-Sebastian-Kim作品

◀图3-1-2 JACK GUISSO作品
◀图3-1-3 Robertocavalli作品

面积、大小、质料在保持相等状态下的平衡，对称的服饰形态在视觉上有自然、安定、均匀、协调、整齐、典雅、庄重、完美的朴素美感，符合人们的视觉习惯。运用在服装中可表现出一种严谨、端庄、安定的风格，易产生单调、呆板的感觉，如图3-1-4至图3-1-6所示。

非对称式平衡是在衡器上两端承受的重量由一个支点支持，当双方获得力学上的平衡状态时，称为平衡。服装配色平衡美的非对称式平衡是在服装设计上根据色彩形象的大小、轻重及其他视觉要素的分布判断平衡，这种平衡关系以不失重心为原则，追求静中有动，以获得不同凡响的艺术效果。

服装色彩的非对称式平衡，最后追求的还是视觉的均衡，如图3-1-7至图3-1-10所示。

▲图3-1-4 Nicholas K作品

▲图3-1-5 VERSACE作品

▲图3-1-6 Robert-Wun-Volt-FW作品

▲ 图3-1-7　Stephane Rolland、Giedre-Dukauskaite-Poses-For-Vogue作品

▲ 图3-1-8　摄影师Greg Kadel作品

▲ 图3-1-9　Carola Remer Vogue（德国版）

▲ 图3-1-10　Dior作品

▲ 图3-1-11　Field写真摄影

3. 服装配色的节奏、韵律美

节奏指音乐中音响节拍轻化和重复；韵律轻重缓急的变化指音乐（诗歌）中音的高低、轻重、长短的组合，匀称的间歇或停顿，句末、行末利用同韵同调的音以加强诗歌的音乐性和节奏感。

服装配色的节奏与韵律的美感是通过体量大小的区分、空间虚实的交替、构件排列的疏密、长短的变化、曲柔刚直的穿插等变化产生的，如图3-1-11所示。

服装的色彩在同一种或同一组造型要素以一定的间隔、方向按规律的连续反复或交替反复进行排列，能够在视觉上造成一种具有动势的丰富秩序视觉效果，给人以节奏感，再通过节奏感的多样性，使其带给视觉强烈的韵律美感，如图3-1-12至图3-1-14所示。

▲图3-1-12 Dior作品

▲图3-1-13 Grace-Bol-Alex-Franco-Elle作品

▲图3-1-14 Lily-McMenamy-Marcin-Tyszka-Viva-Moda作品

▲图3-1-15 超级名模纳奥米·坎贝尔Naomi Campbell、Grace-Bol-Alex-Franco-Elle

4. 服装配色的主次美

服装配色作为一个整体是由若干部件和要素组成的，每个部件和要素都有自己不同的作用和地位，就如主角、配角和道具的关系，如果每个部件和要素都突出，即便排列得很有秩序，也不能形成一个统一协调的整体。在服装配色设计中，人所注意的视觉范围中心极其重要，在设计时就要有意识地突出这个视觉中心重点，这样才能吸引视觉令人注目，起到画龙点睛的功效，形成主次分明的层次美感，如图3-1-15所示。

色彩的强调，能使服装快速吸引视觉，更具魅力，如图3-1-16所示。

▶图3-1-16 amanda-murphy-numero-august、angela-david-benolie、VERSACE作品

5. 服装配色的视错美

服装配色的视错是人们在认识服饰时，对服饰存在状态，所感觉到的客观真实与服饰本质的客观真实不相同的知觉形象。

视错是由于光的折射及物体的反射关系或由于人的视角不同、距离方向不同以及人的视觉器官感受能力的差异等原因造成视觉上的错误判断，这种现象有生理原因，也有视觉经验等心理因素，视错觉令“眼见为实”成了不完美的神话。想战胜大脑产生的这种错觉几乎是不可能的，但这种现象却可以通过服装造型线、结构线、图案、角度、色彩、对比等的错觉为服装设计服务，来改变形体和增强知觉形象的鲜明性，产生意想不到的视觉美感效果，如图3-1-17，图3-1-18所示。

▲图3–1–17 Mary Katrantzou、Zuhair Murad作品

▲图3–1–18 Jacques Dequeker时尚摄影、westwood、prada、Kenzo作品

6. 服装配色的变化与统一美

服装配色的变化是指服饰相异的各种要素组合在一起形成的对比和差异感觉，对比和差异通过服饰视觉形象色调的明暗、冷暖；色彩的饱和与不饱和；色相的迥异等多方面对立因素来达到。变化具有多样性和运动感的特征，变化通过相互关联、呼应、衬托达到整体关系的协调，使相互间的对立从属于有秩序的关系之中，从而形成了统一性和秩序感，如图3-1-19至图3-1-23所示。

▲图3-1-19　JAVECE“奢华时尚品鉴会”、lanvin2012早春度假系列

▲图3-1-20　Vogue-Brazil-Editorial-October-Ana-Beatriz-Barros-by-J.R.-Duran、阿迪达斯

▲图3-1-21　amanda-murphy-numero-august

▲图3-1-22　etro

◀图3-1-23　Sasha-Luss-Vogue-China-Tom-Van-Dorpe、angela-david-benolie

第二节　色彩的搭配规律

美的色彩来自不同色彩和谐的搭配，单纯地看一种色彩，一般来说没有美与不美的问题。一个色彩总是在与其他色彩、与其所处的环境相比较而获得美的意义。概括地讲，服装的色彩搭配可以分为3大类 ① 单色的搭配；② 二次色的搭配；③ 多色的搭配。

一、单色服装搭配及情感

首先，单色搭配是服装配色中的重要组成部分。所形成的是具有较高的审美情趣，给人稳重成熟的感觉。单色服装，除了以面料的质地机理等各种感觉进行配色外，更以色彩的审美为单色服装的重要配色手段。常见的可分为：有彩色和无彩色两大类。无彩色是以黑白灰及金银组成的色系。有彩色是指红、橙、黄、绿、青、蓝、紫、组成的色系。

颜色色相上的差别，使人们看到不同色彩所产生的感觉影响人们的心理和情绪。如红色在中国被认为是传统的吉祥色彩，而在德国红色被看做是血腥、恐怖、灾难的颜色。2008年北京奥运会礼仪服饰的色彩为：琉璃黄、长城灰、中国红、青花蓝、玉脂白等，展现出中国传统的文化特色和审美心理。同时由于传统历史文化、个人阅历、民风习俗等因素的影响，每个色彩都有不同的特性和情感，不同的色彩情感表达组合，表现出服装热情活泼、浪漫、俏丽、高贵、典雅、成熟、冷漠、刚毅等艺术情调。色彩的生理效果还表现在对人们的脉搏、心率、血压等的影响上，因此在单色服装搭配时正确运用服装色彩心理效应有益健康。下面介绍几种常见单色的色彩搭配及情感表达。

1. 红色

鲜艳的红色具有强烈的视觉感官刺激，很容易使人有兴奋感觉，它向外辐射，引人注目。红色的服装设计使人感到热情、温暖、革命、幸福、吉祥兴奋、炙热、活泼、健康、充实、饱满，表达出活力、热诚、具有号召性和挑战性，表现为一种积极向上、蠢蠢欲动、蓄势待发的情绪，对人的精神影响颇巨，是一种雄壮体现。我国是一个喜欢红色的国家，红色系服饰最能传达中国人民朴素、热情、喜庆的民族性格。

由于红色过于强烈、暴露，故也能作为幼稚、野蛮、卑俗、战争、危险的色彩。在服装搭配中：几乎所有含红色都能表现出温暖的感觉，不同基调搭配的红色温暖、热情、活力四射。红与白、绿等色搭配富有夏季情调；粉红色象征幸福和甜蜜，表达温柔可爱的罗曼蒂克的感觉；粉红与粉蓝、粉紫、白色的对比配色衬托出了少女的妩媚和娇艳。

强烈的红色适合与黑、白和不同深浅的灰搭配；如与适当比例的绿组合则富有生气，充满浓郁的民族韵味；与蓝配合，显得稳定、有秩序，如图3-2-1、图3-2-2所示。

▲图3-2-1 《Vogue》杂志韩国版七月刊

补色色彩组合
(a)

三次色色彩组合
(b)

类比色彩组合
(c)

单色色彩组合
(d)

中性色色彩组合
(e)

▲图3-2-2 红色的运用

2. 橙色

橙色是红色和黄色的混合体，有偏红的红橙色、橙色和偏黄的黄橙色，橙色比红色明亮，色彩如火焰般温暖，让人觉得受到欢迎并舒适、自然。橙色调的服饰最能表达开朗、亲切、富足、欢乐、幸福、自信的个性。橙色比较有亲和力和引人注目，与白色、黄色相配，表现健康活泼，配黑色时髦，与灰色搭配时显得平和，与较深的秋季绿、蓝紫搭配可营造一股最响亮、最欢快的奔放激情。

在服装设计中由于它非常明亮刺眼，常常在橙色中稍稍加入黑色或白色，会显得稳重、含蓄却又不失明快，但加入较多的黑色后，就成为一种烧焦的色，加入较多的白色会带有一种甜腻的味道。橙色由于明视度高，常用在登山服装、救生衣的颜色搭配，如图3-2-3、图3-2-4所示。

补色色彩组合
（a）

三次色色彩组合
（b）

▲图3-2-3　Blugir作品

类比色彩组合
（c）

单色色彩组合
（d）

中性色彩组合
（e）

▲图3-2-4　橙色的运用

3. 黄色

黄色是明度最高的纯色，能快速地引导视线，如阳光般耀眼，明朗、愉快、高贵、希望发展、灿烂、辉煌，象征着照亮黑暗的智慧之光，也象征着财富和权力。服装色彩搭配中，常以黑色或紫色衬托黄色，使它达到最大强度；淡淡的粉红色与黄色搭配会取得和谐的效果，见图3-2-7；黄色最不能承受黑色或白色的侵蚀，只要稍微地渗入，即刻会失去原有的光辉，而显得灰暗无光，见图3-2-5。金色在色相上与黄色相近，但其光泽性较好，更具华丽性，也因为其百搭，成为中性色，见图3-2-6。

▲ 图3-2-5 《Vogue》杂志墨西哥版

▲ 图3-2-6 《Vogue》巴西版2013年12月刊

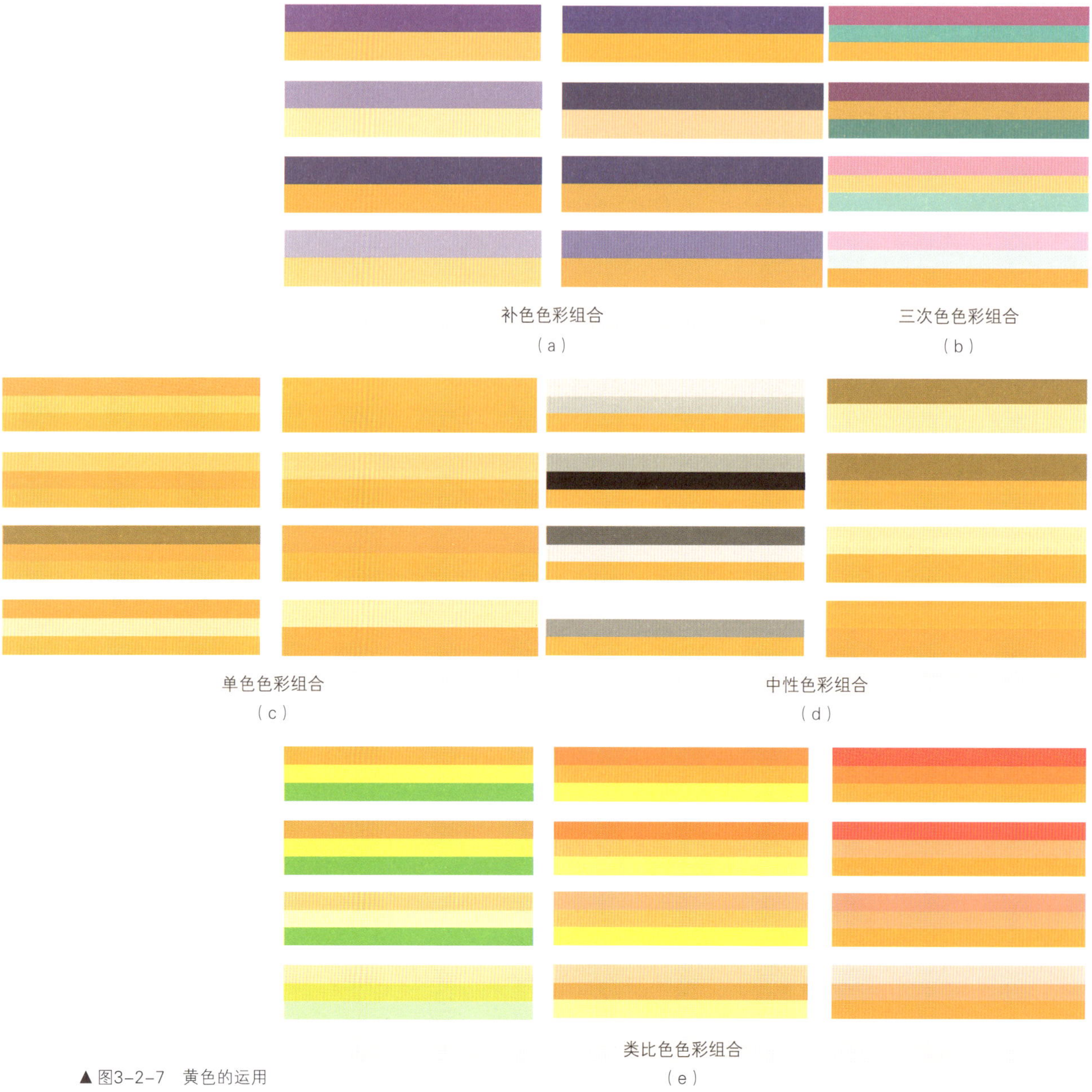

▲ 图3-2-7 黄色的运用

4. 绿色

绿色是大自然中植物的色彩，对视觉无刺激，并能产生舒适感，是代表柔顺、温和、新鲜、环保、生命、安全、饱满的颜色。鲜艳的绿色美丽、优雅、宽容、大度；黄绿色单纯、年轻；蓝绿色清秀、豁达；墨绿色代表永恒与坚毅，给人的感觉舒适，与任何颜色搭配均可展现沉稳的调和感；整个绿色系的服装温顺、舒适、娴静，令人心旷神怡，含灰的绿色，宁静、平和，使人联想到暮色中的森林或晨雾中的田野。绿色与白色搭配清爽宜人；与黄色搭配新鲜靓丽；与蓝色搭配能表现一种祥和、宁静的感觉，见图3-2-8、图3-2-9。

◀图3-2-8 《Vogue》杂志乌克兰版

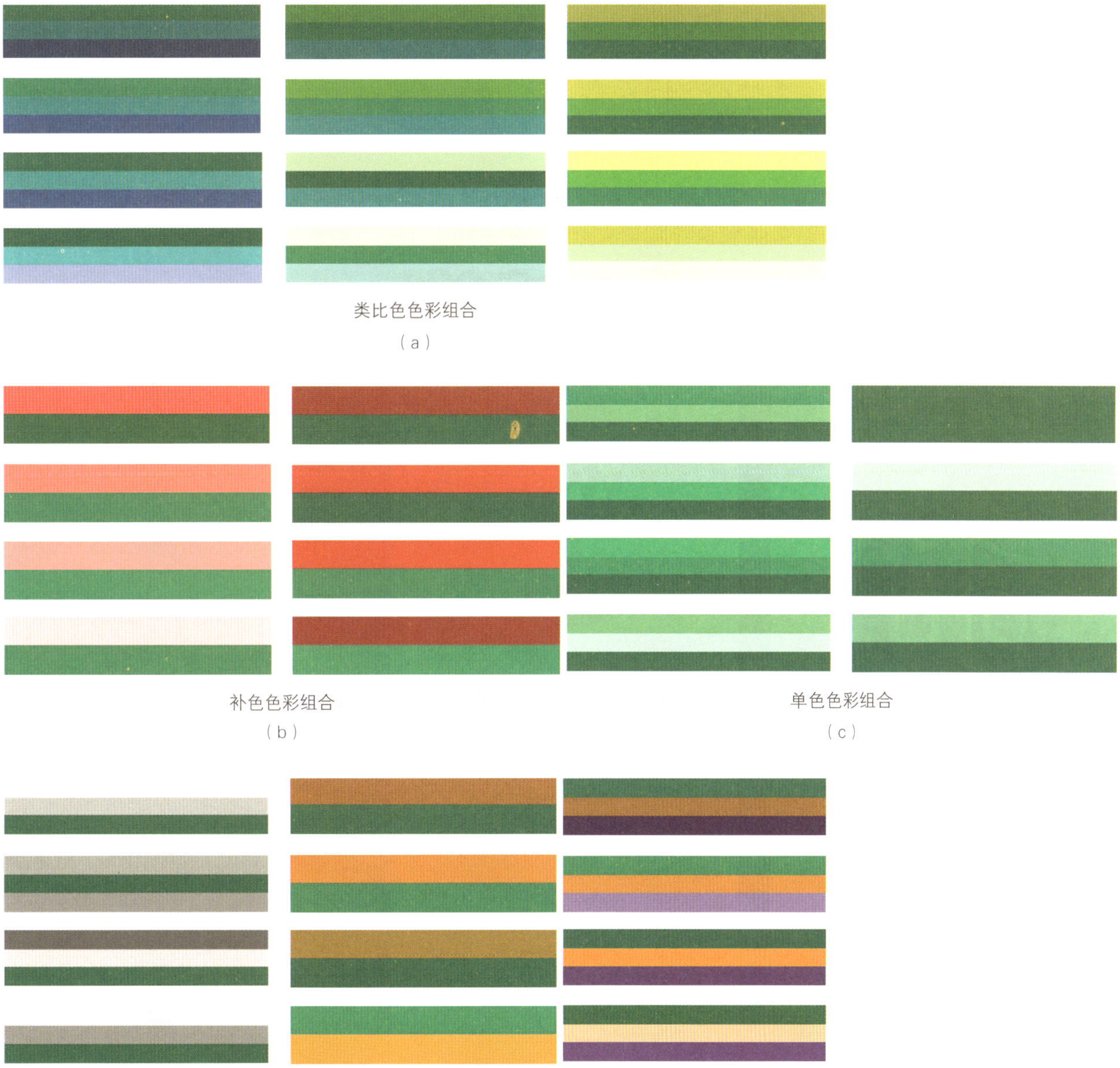

类比色色彩组合
（a）

补色色彩组合
（b）

单色色彩组合
（c）

中性色彩组合
（d）

二次色色彩组合
（e）

▲图3-2-9 绿色的运用

▶ 图3-2-10 《时尚芭莎》杂志阿拉伯版七月刊

5. 蓝色

蓝色犹如大海般深邃而神秘，像天空一样浩瀚沉静、深远宽厚，是永恒的象征。蓝色系服装能很好地表现清纯、冷静、诚实、理智与悠久的个性魅力。天蓝色服装是沉静的冷色中最具生气的色彩；浅蓝色服装在淡雅和明快中透露出一丝清凉，浅蓝色与白、浅黄、浅绿、浅紫、浅红等色彩搭配，均可表现女孩的天真、可爱，纯洁及文静之美；深蓝色、藏蓝色服装能显出成熟、稳重，是智慧的象征。

服装色彩搭配中：蓝色与其他色彩可通过不同明度、纯度的变化体现出层次感，也可与其他色彩搭配出各种不同的色彩效果，见图3-2-10、图3-2-11。

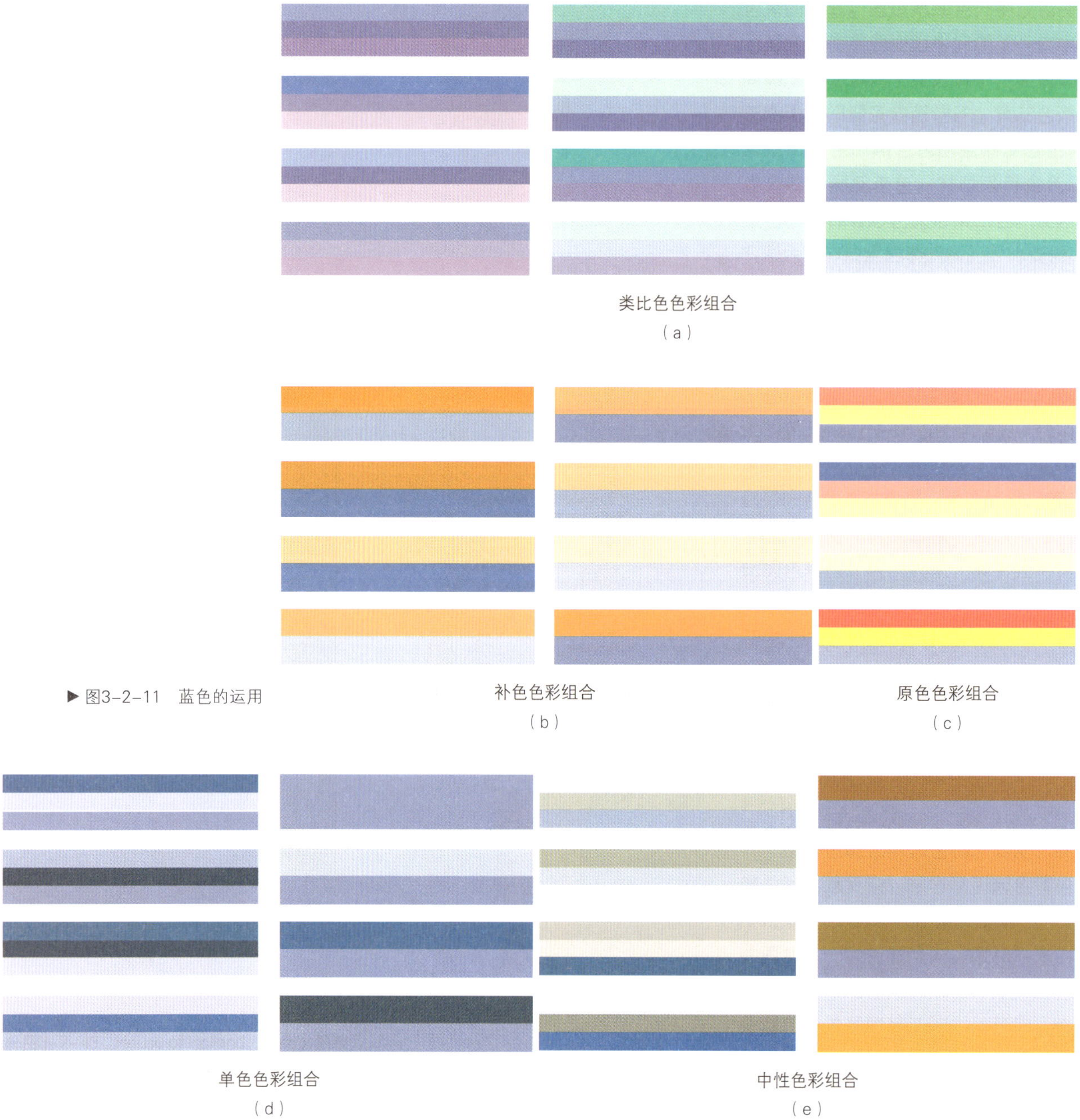

▶ 图3-2-11 蓝色的运用

6. 紫色

紫色明度低，从红到蓝有无数种明暗和色调可以选择，使它处于冷暖之间游离不定的状态，灰暗的紫色服装有苦涩、忧郁及孤独感；淡紫色服装优美、柔和充满了浪漫和神秘，让人遐想和回味；浓郁的紫色服装则有神秘优雅感；蓝紫色服装多表现孤独与献身，红紫色又多表现神圣的爱或精神领域的统帅力量。当紫色深暗化时，象征蒙昧迷信；当紫色被淡化时，则会呈现优美可爱的姿态，如图3-2-12、图3-2-13所示。

▲ 图3-2-12　Chloe2014秋冬

类比色色彩组合

（a）

补色色彩组合

（b）

单色色彩组合

（c）

二次色色彩组合

（d）

中性色彩组合

（e）

▲ 图3-2-13　紫色的运用

7. 白色

白色最浅，是世界上所有的光加在一起的颜色，给人清爽、高雅、神圣、纯真、朴素、贞洁、明快、无暇的感觉，白色如月亮的单纯光芒，代表神、理想，象征宁静和平和自由，是高品位服饰的审美象征，具有不容侵犯的圣洁气韵。纯白往往给人寒冷严峻的感觉，在服装色彩应用时白色往往会加入其他的色彩加以缓和，如象牙白、乳白、苹果白。不同质感，白色可以产生不同的感觉，有光泽的材料偏冷，裘皮则产生温暖的情感，且显现雍容华丽的气质。白色配红色服装显得艳丽动人，白色与绿、黄绿、蓝等具有强烈个性的有彩色搭配，明快中见清丽，表达青春活力和健康的着装感觉，如图3-2-14、图3-2-15所示。

◀图3-2-14 《Vogue》日本版2013年10月号

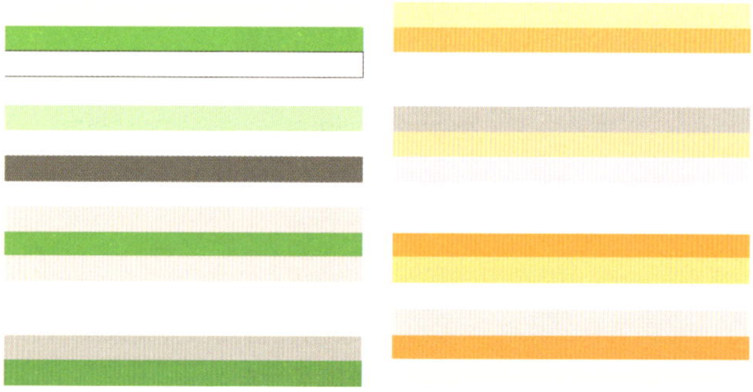

二次色色彩组合

(a)

单色色彩组合

(b)

三次色色彩组合

(c)

类似色色彩组合

(d)

原色彩组合

(e)

▲图3-2-15 白色的运用

8. 灰色

灰色是黑色与白色的融合，不属于黑暗，也不属于光明，所以，它代表和平。灰色揉合了黑色与白色二色的优点，谦虚、平凡、沉默、中庸、寂寞、忧郁、消极、内敛、朴素、高雅、稳重又大气，具有柔和高雅的感觉，属中性性格，和黑色与白色一样是几乎能与所有的颜色相配的百搭色，男女都适用。在服装色彩搭配中，灰色常常不是纯灰色，而是有各种各样色彩倾向的灰色，如浅驼灰、紫灰、灰蓝等，是一种富有朦胧美和浪漫气息的颜色，在不显山不露水中传递自己的优雅品味和一种与世无争的郁闷、沮丧、平和的内在风韵，灰色是永远的流行色，如图3-2-16所示。银色在色相上与灰色相近，与金色一样有良好的光泽感，是百搭的中性色，如图3-2-17、图3-2-18所示。

◀ 图3-2-16　《Vogue》杂志韩国版七月刊

◀ 图3-2-17　COVEN 2014春夏

单色色彩组合

（a）

二次色色彩组合

（b）

三次色色彩组合

（c）

补色色彩组合

（d）

类似色色彩组合

（e）

▲ 图3-2-18 灰色的运用

▲ 图3-2-19 《Vogue》日本版2013年10月号

9. 黑色

黑色最深，是世界上所有颜色混合在一起呈现的颜色，有着沉默、正统、黑暗、恐怖、深渊和庄重、神秘、未知、成熟、刚正的双重性格。黑色以高雅的格调，华贵而又质朴的内涵，给人以优越感、神秘感，是高贵风格的体现，表现出深刻、静寂、高深莫测、冷漠的个性，并富有都市风味和高雅的气质。黑色与无彩色系的灰色搭配给人典雅、端庄、清幽、略显阴沉与悲伤的情调，高贵中带有一丝的威严气势，也带有些许神秘的性感色彩。黑、灰色搭配的晚礼服、皮衣、西装等，都表现了着装者的优雅体态和高雅风度。黑色与有彩色系的冷色系搭配，给人一种清爽、朴素、宁静、忧伤之感。黑色与金、银色搭配则可表现华贵富丽的感觉。若与有彩色系的暖色系搭配，则能表现英气、端庄、精明利索的感觉。黑色是一种永远的流行色，适合与任何色彩搭配，如图3-2-19、图3-2-20所示。

美的色彩来自不同色彩和谐的搭配，一个色彩总是在与其他色彩、与其所处的环境相比较而获得美的意义。流行服饰配色中我们通常说：没有不美的色彩只有搭配和谐不和谐的色彩。

单色色彩组合

（a）

类似色色彩组合

（b）

二次色彩组合

（c）

三次色彩组合

（d）

原色彩组合
（e）

▲图3-2-20 黑色的运用

二、双色的色彩搭配及情感

生活中由于人们的审美理想、审美情趣和审美水平不同，对于服装色彩的搭配好不好、美不美，并非在于色彩的丰富，关键在于配色合理，这里指的合理不仅指要适合年龄、身份、环境和风俗习惯等，更主要的是色调的统一、和谐。"色不在多，和谐则美"服装色彩的搭配主要在于和谐这是整体效果的合理搭配与安排反映出穿着者内在的各个方面的色彩关系。

（一）色彩的对比

色彩的搭配离不开不同色彩间的对比与调和。双色的配色能形成层次感，它是生活中最常见的色彩搭配方法。这种配色主要通过色彩的三大属性变化来实现。在不同色彩构成的服装中，通过运用色相对比、明度对比、纯度对比、与调和展示不同的视觉效果。可以使亮色更亮，暗色更暗。使服装与服饰配件之间，上下装之间，内外装，之间构成明快活跃的气氛。

1. 色相对比

色相对比是指因色相差别而形成的对比现象。例如一个人走在我们的对面，她的上身服装的色彩与下身服装的色彩会同时映入我们的眼帘，全身服装的色彩间会相互影响，我们会觉的两种颜色的搭配会和原来的颜色感觉不同。这就是色相对比的结果。色相对比是根据色相环中各色的间隔距离不同来获得的。

色相对比的配色我们可以分为：同类色配色；类似色配色；中差色配色；对比色配色；互补色配色。不同的配色形成的视觉效果也不尽相同。

（1）同类色配色，是指运用同一色系（24色相环上15度之内的颜色）色彩配置。是以同一种色相的不同明度和纯度的差别为基础的对比。这种色彩配置因不含其他色相，所以很容易取得协调、雅致的色彩感觉，有静态、含蓄、稳重的美感，是一种优雅的配色效果。但如果明度和纯度处理不当。其配色效果较微弱、呆板、单调。在实际的色彩运用中，可通过巧妙地采用同色系但不同肌理的面料进行搭配，可产生既统一又有变化的艺术效果，如图3-2-21所示。

（2）类似色配色，24色相环上间隔15～60度之间色相的配色，对比区间各色所含色素大部分相同，这类对比差度较小，但有差别。如中黄与橘黄、朱红与玫瑰等，色彩对比既统一又有变化，较活泼。配色效果和谐、统一、雅致、优美，有单纯、柔和的效果，如图3-2-22所示。

▲图3-2-21　Akris、Salvatore Ferragamo、Salvatore Ferragamo作品

▶图3-2-22　Salvatore Ferragam作品

（3）中差色配色，介于对比色与类似色之间的对比，色彩差别居中。这种对比较类似色对比明显，具有鲜明、活跃、热情、饱满的特点，是变化丰富、使人兴奋的对比组合。如红与紫、黄与绿等既对比又含有少量相同元素，如图3-2-23所示。

（4）对比色配色，24色相环上间隔120～150度的色相彼此间的配色。对比色相间所含色素不同或相反的色彩配置对比鲜明、饱满、丰富、强烈、不易单调，如黄蓝、蓝红。但对比性大于统一性，不易调和，如图3-2-24所示。

▲ 图3-2-23 Salvatore Ferragamo作品

▶ 图3-2-24 Salvatore Ferragamo时装秀

▲图3-2-25　KENZO时装秀

（5）互补色配色，最强烈的色彩对比，红绿、黄紫、蓝橙效果更强烈、更丰富、更有刺激性。更不易调和，搭配不好会很难看，如图3-2-25所示。

2. 明度对比

因明度差别而形成的对比称为明度对比。服装色彩的搭配也因色彩之间的明度差别不同，其搭配效果也不同。

为了便于分类与利用明度的搭配效果，我们将明度分为高、中、低3个阶段。明度高的色彩是亮色系；明度低的色彩是暗色系；明度处于两者之间的是中明度色系。这样就确定了高中低3个明度基调。在基调的基础上，进行色彩配置，根据色彩明度的差别大小，可以有不同的搭配方式。高明度基调可配置，长调、中调与短调，这3种配色方式形成的视觉效果有很大的不同。长调的搭配色彩明度差别大，具有效果强烈、刺激、快速、活泼、开朗、优雅的特点；中调的色彩搭配，明度有一定的差别，具有效果鲜明清晰、高贵、软弱等特点，有女性色彩的感觉；短调的色彩搭配因其明度差别小，所以其效果模糊、柔和有朦胧、含蓄、模糊、沉稳的感觉，易见度不高，有些呆板，如图3-2-26所示。

3. 纯度对比

因色彩纯度的差异而形成的对比现象称为纯度对比。与明度对比分类相同，也可根据色彩的纯净程度不同将其分为鲜调、灰调与中灰调。以此为基调，然后根据色彩纯度的差别大小做长调、中调、短调的色彩搭配。可以出现不同的搭配效果。以鲜色系为基调的配色，短调搭配出艳丽、生动、活泼刺激的效果；中调搭配出饱满、丰富、明快的对比效果；长调搭配出强烈的对比效果。按此方法其他基调也可以搭配出各种配色效果来，如图3-2-27所示。

▲图3-2-26 Jason wu、Barbara Bui、Giorgio Armani服装秀

在现实的色彩搭配中，单纯以明度、纯度、或色相其中任一个的对比形式出现是很少的，因为一种颜色的出现同时具备了明度、纯度、色相三个属性，色彩是一个立体的概念，更多的是以某一单项对比为主的色彩搭配，但总体上包含着色彩三属性的对比。用色彩三属性的对比区分来研究和练习是学习服装配色的一个重要途径。将三者统一起来考虑对比的效果，相对单项的考虑要复杂的多，但我们在学习时只要将色彩各属性理解成一个整体就容易多了。如黄色与褐色，既有色相上的差别又有纯度上的差异，但总体看上去总的倾向是明度对比关系，如图3-2-28所示。

▲图3-2-27 Lisa Perry、BCBG Max Azria服装秀

▲图3-2-28　Blumarine、Jill Stuart服装秀

▲图3-2-29　House of Holland服装秀

▲图3-2-30　Jill Stuart服装秀

4. 色彩的面积、形状、位置、空间对比

色彩除了具备三要素外，还依附于一定的面积、形状、位置、空间而存在。所以也存在面积、形状、位置、空间的对比。

色彩对比中，相同面积的色彩，对比效果弱。如果一方颜色所占面积取得绝对优势，这样就消弱了对比而形成主调，象万绿丛中一点红的色彩搭配。就容易使视觉融洽，看上去舒服。反之双方大面积对比会造成眩目和刺激，如图3-2-29所示。

色彩有面积也就必然有一定的形状。色彩的对比效果与形状有一定的关系，影响色彩对比的因素主要是形的聚集程度，形的聚集程度越高，其对比就越强，注目性就越高，越容易从周围的色彩中分离出来。如果形是分散的，那它的对比效果就弱，甚至与周围的色彩发生空间混合，图底模糊，如图3-2-30所示。

▲图3-2-31　Jill Stuart、BCBG Max Azria服装秀

色彩的位置对色彩的搭配效果也有影响，对比双方色彩距离越远，对比效果越弱。若两色处于相交状态，对比效果较强；一色被另一色包围，对比效果最强，如图3-2-31所示。

（二）色彩的调和

在双色服装配色中，不能只讲究对比，那会使服装色彩搭配缺乏秩序，显的杂乱无章。服装用色除了要有对比还要讲究色彩搭配的协调统一，这就是调和。在服装配色中只有调和缺乏色彩的对比会呆板、乏味。所以任何的配色都要遵守对比与统一。对比与统一相辅相成又相互制约。在服装用色上，相异的色彩搭配，其变化受相同因素的支配，使其色彩变化有规律、有秩序。在保持一定秩序的基础上恰当地加以变化。

常见的调和方法有：

1. 同一调和

当两个或两个以上色彩间存在差别，造成不和谐的刺激感时，增加两色的同一因素，缓和各色间的刺激因素，即为同一调和。色相、明度、纯度三要素之间只要有一种要素相同即能取得调和。

同一明度调和，以不同的色相和纯度取得变化，因明度相同而取得调和效果。

同一纯度调和，以不同色相和明度变化，因纯度相同而取得调和。

同一色相，相同色彩形成主色调，明度与纯度被色调统一。

也可以明度、色相统一，纯度不同；纯度、色相统一，明度不同；色相变化，

▲3-2-32　Jill Stuart、川久保玲、Richard Nicoll时装秀

▲3-2-33　Yves Saint Laurent、KENZO作品

明度纯度统一，如图3-2-32所示。

2. 类似调和

采用色相、明度、或纯度三者处于某种近似的色彩搭配，因为存在近似因素，所以这种调和色彩间变化不大，颜色搭配和谐，但颜色搭配效果丰富。可采用：

色相类似，明度、纯度不同的色彩搭配。

明度类似，色相、纯度不同的色彩搭配。

纯度类似，明度、色相不同的色彩搭配。

色相、纯度类似，明度不同的色彩搭配。

色相、明度类似、纯度不同的色彩搭配。

纯度、明度类似、色相不同的色彩搭配，如图3-2-33、图3-2-34所示。

▲3-2-34　Phillip Lim服装秀

▲3-2-35　Julien Macdonald、Tadashi Shoji服装秀

3. 秩序调和

双色色彩搭配中色相、明度、纯度按照一定的秩序有规律的排列，也能产生一定的调和感。

色相秩序调和：双色色彩的搭配按照色相环的排列顺序组合搭配，虽然色彩种类繁多，但由于色彩是按一定的秩序排列的，所以色彩间也非常和谐、悦目，如图3-2-25所示。

明度秩序调和：将色彩按明度色阶逐渐的变化所形成的色彩搭配。色彩由暗到亮或由亮到暗，使色彩搭配层次感、空间感强，如图3-2-36所示。

纯度秩序调和：色彩搭配依照不同的纯度色阶规律、秩序的排列而产生的色彩搭配效果。色彩由灰到鲜，或由鲜到灰的色彩搭配，这种配色，艳色在灰色的衬托下，分外漂亮。服装面料的处理上用的较多，会使色彩产生一定的节奏感，如图3-2-37所示。

色彩的明度与纯度同时按照一定的秩序调和后，效果较为柔和、丰富、有层次感。

▲图3-2-36　Dior HC、Tadashi Shoji服装秀

▲图3-2-37　Salvatore Ferragamo服装秀

4. 对比调和

针对对比色、互补色及明度、纯度差别很大的色彩组合形成的调和。对比色、互补色因色彩差别大，很难形成调和感，通常采用一些特殊的方法来使其调和。

面积调和也称绝对优势调和，方法是将参与配色的一种颜色作为大面积的配色，另一种颜色作为小面积配色，因为面积小，与大面积色行不成对比，色彩就调和了，如图3-2-38所示。

5. 加灰调和

通过加入灰色，降低一种色彩或两种颜色的纯度，纯度降低，对比度减小，差别降低，色彩增加调和感，如图3-2-39所示。

6. 并置调和

将对比的两色，以小面积色点或色块并置在一起，由于两色的面积均等，形成的对比弱，所以形成一定的调和感，如图3-2-40所示。

7. 明度对比调和

明度对比强的配色，往往让人感觉硬朗、醒目、力量感强。由于强调了明度的对比，降低了其他方面的对比。所以在配色上应注意面积上的区别，避免造成视觉上的混乱。例如黑与白的配色在服装设计中常用到，黑和白是极端明度对比，如果面积相当就会主次不分，如果以大面积白作为配色主题，小面积黑作为点缀，只在领口、胸口、袖口作为修饰，就会加强明度的力量，突出重点，取得调和的美感，如图3-2-41所示。

▲图3-2-38　面积调和

▲图3-2-39　BCBG Max Azria服装秀

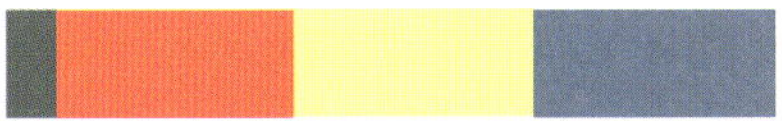

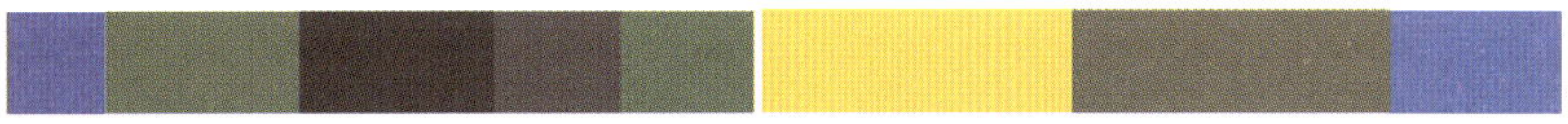

8. 纯度对比调和

纯度对比强的色彩搭配，虽是色彩差别大，但色彩搭配效果生动，鲜艳的色彩通过纯度低的色彩衬托显得饱满和优雅，所有颜色与灰色搭配，纯度高的色彩会显得格外艳丽，而且被灰色控制的不刺眼。纯度对比的调和能使视觉取得平衡和满足，如图3-2-42所示。

在流行色彩的搭配中，要既有对比又有调和。统一、变化是服装色彩搭配的要点。在运用某种颜色为主调时，用其他颜色穿插点缀其间，会产生在统一色调之中又有变化的色彩效果。和谐的色彩搭配关键是调和与对比的合理运用。

▲图3-2-40　Kenzo2013春夏

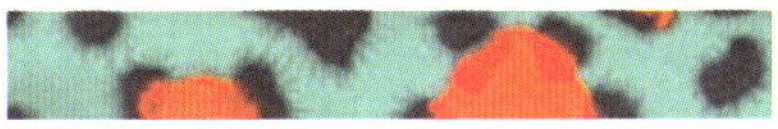

▲图3-2-41　明度对比调和

▲3-2-42　Richard Nicoll服装秀

▲图3-2-43　House of Holland、Jacobs服装秀

三、多种色彩搭配

在服饰搭配中，一套衣服的色彩最好不超过三种，当三种以上颜色搭配时，因色彩较多需处理好色彩间的主次、协调关系。一般可采取以下方法。

1. 分割与包围法

指多色配色中，在相互对比的二色之间插入第三色，改变其色调的节奏，或者当两个大面积色块明度、纯度极相似时，可以插入另一个色进行调节。这个第三色可以是色条、色线、色束的形式。通过第三色分割或包围的形式，使高调变为中间调子，使中间调子变为弱调子或强调子，使弱调子变为中间调子或强调子。第三色通常采用白色、黑色包围强烈反差色，或分割强烈反差色。有时采用金色、银色、各种有彩色充当第三色。使用有彩色时，注意强调明度的对比变化，如图3-2-43所示。

2. 渐变法

指在多色配色中，必须以三个以上的色阶或阶段的结构形式，以规则渐变的变化过程，引导视觉从一色转到另一色的渐进效果。强调间隔相等，以秩序取得和谐的效果。使原来强对比的色彩因此统一起来，具有独特的韵律感。在实践中以色相渐变、明度渐变、纯度渐变三种技法为主。

色相渐变根据色环顺序排列为七色形式、五色形式、三色形式，如图3-2-44所示。

3. 优势法

在多色配色中，色相、明度、纯度关系错综复杂，很容易引起色调的不协调，于是采取在聚集的各色中，共同加入一种色彩倾向，缓和原来的对立状态，获得配色的成功。这种处理色彩关系的技法称为优势法，也可以理解为同色构成法。由于同色构成手段简明，设计者的判断、检查以及理智运筹于色彩调配中，形成配色控制优势，使其从烦琐的配色中解脱出来。

一般采用以下几种技法：

色相优势，在多色配色中，色相互为对比而各色的面积又无对比的情况下，会出现刺眼或不调和的感觉。但为了保持色相对比的强烈感，而又不引起刺眼的效果，可运用同色相支配构成的技法，即将二色分别加入同一色相，对其整体加以支配，从而获得既对比又调和的配色效果。或者运用色相面积的悬殊对比的手法，小面积用强色、纯色，大面积用弱色，形成统治与被统治的局面，形成统调。如万绿丛中一点红，绿色为统治色，红色为被统治色，一方处于优势，一方处于劣势，如图3-2-45所示。

明度优势在原有的多色组合的基础上，分配给共同的明度，如混入同一白色、黑色、灰色等使配色效果从整体色调上变亮或变浅—升调，变暗或变深—降调。如黑色裙装、黑色帽子、佩戴白色项链、白色耳环、白色提包，黑色皮鞋。以白色缓冲，使黑色淡化，显得稳重、典雅、大方，如图3-2-46所示。

纯度优势指高纯度华丽色彩进行的控制，运用浊色进行统一而产生配色优势，形成沉静、朴实的格调。浊色是一种高雅的色彩，能和任意一色组合，产生悦目的效果，但运用时一定要注意浊色的明度变化，它是纯度优势的关键，如图3-2-47所示。

4. 重叠法

我们经常发现在服装表演中，舞台上服装面料的色彩效果与近观大不相同。这是因为舞台上服装对比效果的体现是与观众有一定距离的，由于色彩的错视效果，人们感觉到的色彩的远近感与实际的距离不符。距离是构成色彩透视的另一个重要因素。色彩具有空间混合的效果，几个不同的色彩，在一定距离内，经过交置、渗透、融合，在视觉上形成一种缓冲和

▲ 图3-2-44　MatthewWilliamsonSHOW、Moschino Cheap And Chic服装秀

▲ 图3-2-45　House of Holland服装秀

▲ 图3-2-46　莫斯奇诺 Moschino 2013春夏女装

▶图3-2-47 巴西吉赛尔·邦辰作品

过渡色。一般说，色彩对比强、面积大、形状聚集、形的可见性强的色彩，给人以近感；色彩对比弱、面积小、形状分散、易见度低的色彩给人以远感。在服装用色上可以通过不同的空间变化使服装的色彩形成丰富的层次感，如图3-2-48所示。

在流行服装配色中，除了要讲究对比调和因素外，为了取得多种有特色的色彩配置效果，还要把握住色彩的节奏及色彩间的关联。

（1）色彩的节奏：指参与服饰配色的色彩面积，有规律地变化、交替或重复。明度、色相、方向、形状等要素有秩序地变化都可以获得节奏。

配色时，常用的节奏形式为渐变节奏、反复节奏、多元节奏。

渐变节奏指将色彩明度、纯度、色彩或同一色彩面积、形状等色彩要素逐渐地运用在服装色彩里。

反复节奏可分为连续的反复和交替的反复。连续反复即将同一色相、明度、纯度或同一色彩面积、形状、

▲图3-2-48 Peter Pilotto时装秀

▲图3-2-49 BCBG Max Azria作品

等色彩要素连续作几次反复，所获得的节奏。连续反复的效果极富节奏感，有一种秩序的、规律的美。交替反复是将两个或三个独立的要素进行色调、位置、方向等交替重复的节奏，运动感不很明显，但能起到加强印象、突出特点的作用。

多元性节奏是在配色中将色彩的明暗、冷暖、形状等进行转折、重叠、强弱、大小等的变化，在视觉上产生强烈而富有动感的节奏，这种节奏的结构和运动形式很不规律，由复杂的多种元素组成，是一种较为自由的节奏形式，它的最大特点是个性化、充满生气、富有运动感。如图3-2-49、图3-2-50所示。

（2）色彩的关联：指在色彩配置中，利用设计手段或造型结构使颜色之间你中有我、我中有你、相互交融、互相渗透，使服装中外套、衬里、上装、下装、围巾、手套、首饰之间色彩相互呼应。掌握色彩的主次、宾主

▲图3-2-50 BCBG Max Azria、Louise Goldin服装秀

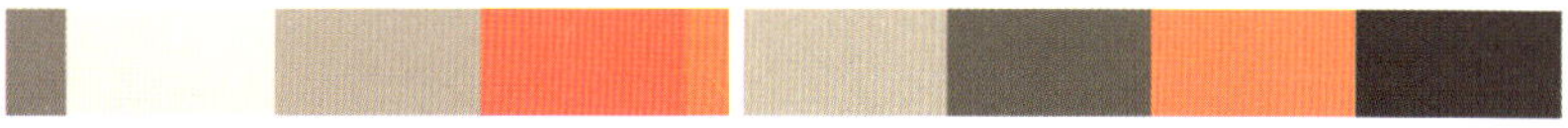

关系，获得统一丰富的色彩搭配效果，如图3-2-51所示。

▲图3-2-51 Blumarine服装秀

第三节 服饰配件色彩在服装设计中的应用

服饰配件是指与服装进行整体配套的附属物，包括日用性物品（帽子、手套、围巾、鞋袜）和装饰性物品（发夹、别针、耳环、手镯、项链）两大类。这些饰物以突出服装穿着的中心美感、提高服用机能、强化着装效果为主要目的。

服饰配件兼有产品设计和工艺设计两大特征，具有独立审美价值。同时服饰配件又是服装整体中不可缺少的部分，在服装整体设计中起到点缀、衬托的作用，强调了服装的配套性。服装与配件的完美结合才能构成完整的服装设计。服装表达经常借助于配件来烘托人物，强调醒目的艺术效果，服饰配饰不仅是锦上添花的小物件，更是极尽所能地渲染时尚思想物品的。人物的围巾、首饰、鞋子和手袋等都是时代留给我们最为表象化的印迹，遵循着历史的遗迹，不难发现服饰配饰也代表着一个时代、一种风格，体现出来的气质与时代的大环境水乳交融，从某种意义上也可以说配饰打造了时尚。

配件色彩和服装色彩是局部和整体的关系，它起着调整、辅助、点缀的作用，可以使服装色彩更完美。在实际运用中，服饰配件与服装色彩既对比又调和，在统一中求变化，达到色彩美的效果并表达设计者的艺术倾向。

在色彩上服饰配件与服装的配合大多采用色彩性格调和方式，即同一调和、类似调和、对比调和。同一调和属同质要素的结合，色彩的色相、明度、纯度以及他们的组合关系中都含有同一要素，显示出最简单、最易达到的统一感，是配色统一的根本。西式婚纱、新娘的白色花束、白皮鞋为同一色相配色，是单纯、传统的搭配，属同一调和方式。类似调和是近似要素的结合，指色彩的色相、明度、纯度三方面相似因素进行组合，它较同一调和富于变化。同一调和与类似调和均属以统一为主的配色原则。但过分统一缺乏生气，在色相环上选用相近色相对色相或拉大明度差、纯度差，可以得到一种生动新鲜的调和，称为对比调和。对比调和中，配件通常以面积较小的点缀色出现，起点缀、强调、串连、补充、分别的作用，增强整体配色的视觉效果和艺术效果。

常用配件依附于服装整体色彩存在，如帽子、腰带、围巾，他们的作用只有在与整体色彩的比较中才能产生或形成。某些装饰性配件如贵金属、宝石类却有其独立色彩，是装饰性与传统象征意义的结合。金银华丽辉煌，珍珠银白圆润，祖母绿碧绿深沉……不同的珠宝具有不同色彩和象征意义，有的表示纯洁，有的象征幸运。在选用与服装配套的首饰时，必须考虑色彩和风格，起到衬托容貌和服装的审美作用，达到整体色彩设计的目的。

服饰配件的色彩在使用上要适度，要有一定的比例关系，这样才能产生整体性的美感。过分地夸大或减弱服装饰品的色彩都会产生不良的效果。

服饰配件要与服饰从造型设计、色彩设计、材料设计等方面相映成趣、互添光彩，以期达到最佳的视觉效果，如图3-3-1所示。

◀图3-3-1　2012秋冬Peter Pilotto时装秀

典型案例赏析

汤丽柏琦（Tory Burch）2013春夏女装秀场带来了美妙的度假风情与乡村风情，大量的彩色钩织、串珠元素运用在配饰设计中，贝壳、珠子穿成的夸张彩色项链，编织纹路的包包，草编+金色皮革拼接高跟鞋，为服装带来了手工艺的淳朴美感，如图3-3-2所示。

2012秋冬米兰时装周期间，乔治·阿玛尼（Giorgio Armani），秀场上出现的夸张大宝石项链特别抢眼。大小不同的宝石组成的项链打破传统的禁锢与概念的界限，诙谐而有趣，与服装相应成趣；Alviero Martini秀场上的铆钉头饰、耳环和手镯，使整套造型霸气张扬的风格也让你久久不能忘怀；Ermanno Scervino的刀片手镯项链更是令你震撼惊讶，如刀锋一般的耳环，让Ermanno Scervino 2012秋冬女装秀场上的模特们像一个个威风凛凛的刀锋女战士；罗伯特·卡沃利（Roberto Cavalli）直接把鳄鱼"挂"上脖子，狂野凶猛煞到你心深处，闪亮的宝石项链搭配老虎纹、豹纹衣服，直接挑战你的视觉神经，如图3-3-3至图3-3-5所示。

▶ 图3-3-2　Tory Burch服装秀

▲图3-3-3　Giorgio Armani 2012秋冬米兰时装秀

▲图3-3-4　Martini 2012秋冬米兰时装秀

▲图3-3-5　Roberto Cavalli、 Erdmann Scervino 2012秋冬米兰时装

拉夫·劳伦（Ralph Lauren）2013春夏女装秀场呈现了美式上流奢华风与异域风情的结合，精致的配饰当然不可缺少，藤蔓图案压花包包、扇子造型的手拿包、细跟T带凉鞋，都让她们散发出十足的优雅魅力。倾斜佩戴的礼帽、打结领巾和色彩更为丰富的珠宝，则是拉夫·劳伦（Ralph Lauren）对异域风情的表达，如图3-3-6所示。

帽子位于整体服饰的最高处，其色彩呈现的效果会由于所处位置的特殊性而得到放大，较小面积的色彩往往会呈现非常明显的效果。在同色系帽饰的搭配下，服装的整体感会增强，服装的风格特征也会得到更集中的强化。帽饰的造型相对于其他服饰配件是一种可变性较强的配件。在某些情况下，夸张效果的帽饰会对原本普通的服装起到很好的烘托作用，使得服装与服饰配件之间呈现一种互补的关系，使搭配相得益彰。

所以有人说“你穿什么，你就是什么”，其实这话同样适用于帽子，“你戴什么帽子，你就是什么”。Slava Zaitsev 2013年秋冬季服装秀充满着俄罗斯风情的帽子设计，使整套设计充满异域风情，如图3-3-7所示。

▲图3-3-6 Ralph Lauren2013春夏女装秀

◀图3-3-7 Zaitsev 2013秋冬季服装秀

第四章

服装色彩的采集与重构

美的色彩来自美的生活，服装色彩的搭配可通过观察在自然界中发现美的色彩，认识客观色彩中美好的色彩关系，作为服装色彩借鉴美好的形式。将原色从限定的状态中走出去，注入新的思维，对色彩进行重新构成，使它更完整、独立、更符合美的形式。服装色彩的采集与重构是对收集的素材进行理解、提炼和再创作的过程。

第一节 色彩的采集

色彩的采集，是丰富题材、激发创作欲望的阶段。通过对图片采集和筛选的过程，来了解不同民族的风土人情、传统文化的精神内涵、现代艺术的意识观念、自然环境的微妙变化，以及科学技术的发展等。采集的目的一方面是累积素材，更重要的是通过采集的过程，提高艺术修养和审美意识，为以后的设计打下良好的基础。色彩的采集是在对第一性自然色彩和第二性人文色彩进行观察、学习的前提下，进行分解、组合、再创造的构成手法。其目的是培养和提高对色彩艺术的鉴赏能力，掌握和运用色彩形式美的法则、规律，丰富和锤炼色彩设计的想象力和表现力。对同一物象的采集，因采集人对色彩的理解和认识不一样，也会出现不同的重构效果。我们在进行色彩采集的时候一定要以大的色彩关系为主，转移重构时根据主题，合理的构成采集得到的原始色彩，突出表现画面色彩的整体。

色彩的采集分类

色彩的采集范围十分广泛。可分为人为色彩采集和自然色彩采集两大类。

（一）人为色彩的采集

指从人为创作与创造活动中采集出来的色彩。如传统民间美术色彩、绘画色彩、摄影作品色彩等。这些色彩经过艺术家的提炼、概括、升华，本身具有很高的审美价值，把这些色彩关系作已采集提炼，在服饰色彩中重新构成，能产生意想不到的色彩效果。如彩陶色主要是指我国出土的新石器时代的一种带有黑色和红色花纹装饰的无釉陶器。色彩主要是赤红色、黑色、土黄色，局部使用蓝色、白色，其风格是古朴粗犷，色彩单纯而有力。由于彩陶是红泥黑彩为原料，低温

▶图4-1-1 Mulberry作品

▲图4-1-2 用花草装饰自己的人类

烧成，因此色彩主调成为土红色调，具有纯朴、稚拙的艺术风貌。借用其土红调色的组织关系，使整个画面呈现出一种怀旧、古典的温暖情调，强调了古朴率真的原始色彩情调的表达，如图4-1-1所示。

（二）自然色彩采集

指从自然事物所具有的色彩中采集出的色彩。如四季色彩、动物色彩、植物色彩等。大自然是一个色彩仓库包含了丰富的色彩资源，很多颜料的色彩都是从自然界的动植物中提取的。我们可以直接采集自然的色彩并重新构成色彩。

大自然中有众多不依存于人或社会关系而存在的事物，这些事物自身拥有独特而丰富的色彩，即为自生态色彩。无论是花草树木、禽兽鱼草，抑或是行云流水、岩石瓦砾、日月星辰，它们本身都蕴含了美妙的色彩，从而构成了奇妙的、令人叹为观止的色彩世界。大自然中的自然生态色彩应用广泛，从流行色的发布中我们经常会看到大地色系、海洋色系、森林色系、太空色系等色组，也有枯草色、孔雀蓝、玫红、橘黄……自然界为我们的色彩学习提供了无限的研究宝藏。

1. 植物色彩

根据达尔文“进化论”的观点，大多数生物的色彩都是为一种特殊目的而存在的，有吸引、隐藏等众多功能。在人类的进化过程中，嗅觉减退、视觉增强，对形象、色彩、光线的感知更加的敏锐。

植物色彩中以花叶最为清新艳丽，并且会随着季节的变化而各异；人类在裸体状态时期就已经懂得如何使用花草装饰自己，图4-1-2所示。

树皮色则是含蓄、高雅和沉着的，从整体看，树皮色多为中明度或中偏低明度的色，色相以暖灰色为主，其中又以褐色系的色为多，结合树皮的质感，形成自然、朴实和厚重的色彩感觉，如图4-1-3所示。

▲图4-1-3 树皮色彩与肌理

植物色彩表现的形式一般以对比色、邻补色、协调色的配色形式体现较多。对比色相配能产生对比的艺术效果，给人强烈醒目的美感，而邻补色就较为缓和给人以淡雅和谐的感觉。如图4-1-4所示。

植物色彩与图案在现代服装设计中的运用案例分析

以花卉为主题的面料再造设计和服饰设计，将花卉自然色转变成为平面的设计色彩，鲜亮丰富、统一协调,如图4-1-5。图4-1-6所示，2010Christian Dior秋冬高级定制时装绚丽、华贵、精致，巧妙运用花卉的造型与色调匹配、造型变化而飘逸。

▲图4-1-4　植物的季节色彩

►图4-1-5　植物色彩在服装设计中的应用

▲图4-1-6 Christian Dior、Alexander McQueen、McQ by Alexander McQueen服装秀

2. 动物色彩

在种类繁多的动物世界中，体表色彩是其重要特征之一。这些奇特绚丽、千变万化的色彩和它的生存息息相关，在吸引异性的同时还要把自己的生存危险降低到最小程度，是生命进化的产物。如变色龙、乌贼和章鱼等，随季节、环境、情绪变化以及避敌需要而迅速改变自己原来的体色或羽毛颜色。

在服装设计中以动物体表色彩为灵感的仿生设计思维是大自然赋予我们人类取之不尽的源泉，使我们与大自然更加贴近。如图4-1-7至图4-1-10所示。

动物体表色彩的运用案例分析

蝴蝶以柔美的造型、惊艳的色彩，“化蝶”不弃不离的寓意，受到设计师的喜爱。

▲图4-1-7 Vivienne Tam作品

▲图4-1-8 蝴蝶色彩图案的运用

动物毛皮色彩与动物羽毛色彩的运用，见图4-1-9至图4-1-11。

◀图4-1-11 Rheanna Lingham 的首饰系列作品“用羽毛装点家”

▲图4-1-9 鸟类羽毛色彩的运用

▲图4-1-10 孔雀羽毛的色彩与图案仿生设计

原始的一些部落里，族长或首领在自己生活的各个领域用动物的毛皮做装饰，以显示自己的身份和地位，皮草的色彩、图案和质地，一直是人们追求时尚的风向标，是财富和身份的象征。在环保主义者和动物保护主义者的抗议下，皮草一度被削减使用，甚至穿皮草的人被称为世界上最丑陋的人，由此，仿皮草成为新的时尚标，应用于诸多现代服装设计当中。如图4-1-12、图4-1-13所示。

◀图4-1-12 仿皮革在服装设计中的应用

豹纹在岁月的变迁中慢慢沉淀下来，堪称不死的灵魂，永恒的流行。时尚界与猎豹总有着不解之缘，将猎豹的狂野与灵性、鲜明对比、耀眼等特征提升为时尚的概念，创造出与众不同的视觉冲击。

▶ 图4-1-13 Moschino Cheap & Chic、Michael Kors豹纹皮草时装设计

动物斑纹和毛皮一向是T台的保留项目，在穿着带有动物斑纹的服饰时，一定要寻找到一种平衡，这种微妙是屏蔽动物斑纹带给人低廉俗气的妙法。穿着单品时，黑色永远是不二之选，干练、气质的职场形象跃然而出；在黄金底色基本款的同时，又增加了湖蓝、暗红等底色的变化，此时要用沉稳的冷色系搭配豹纹单品，避免颜色过于跳跃，抢了动物斑纹的风头，如图4-1-14、图4-1-15所示。

▶ 图4-1-14 BLUMARINE、Chloé 豹纹、蟒纹、在时装中的色彩搭配运用

▲图4-1-15 Blumarine FW、Alexander McQueen动物斑纹与毛皮在时装中的运用

3. 地貌色彩

大自然最为丰富奇妙,层级错落、岩壁陡峭、气势磅礴的地形地貌色彩，仿佛是上帝的调色板。各种颜色，红、黄、橙、绿、黑、褐、青、灰在阳光的照射下，浓烈地交织在一起，色彩与造型的魔幻组合，色调如波浪顺着山势起伏，或犹如彩虹从山顶倾泻而下，张扬而奔放地宣泄着古老的激情，演绎着大自然的无限可能性，如图4-1-16、图4-1-17所示。

▼图4-1-16 冰山地貌色彩

▲ 图4-1-17 CHANEL 2010秋冬时装时装设计

设计师Karl Lagerfeld在CHANEL 2010秋冬时装秀上，特别从斯堪的纳维亚半岛运来了真实的巨大冰山安放在现场，模特们穿着新装，穿梭在冰山所带来的“寒冷世界”中，脚下踩着融化的雪水，向现场观众展示新一季的时尚潮流。

丹霞山地貌色彩在现代服装色彩设计中的运用案例分析

我国张掖丹霞地貌处于山地丘陵地带，造型奇特，色彩斑斓，气势磅礴。丹霞是指红色砂砾岩经长期风化剥离和流水侵蚀，形成的孤立的山峰和陡峭的奇岩怪石，如图4-1-18所示。

► 图4-1-18 范思哲、张肇达作品

第二节　采集色的重构

色彩的重构

色彩的重构，就是对自然色彩和人工色彩进行观察、学习的前提下，进行分解、组合、再创造的构成手法，也是对色彩进行分析、采集、概括、重构的过程。一方面是分析其色彩组成的色性和构成形式，保持原来的主要色彩关系与色块面积比例关系，保持主色调、主意象的精神特征以及色彩气氛与整体风格；另一方面，打散原来色彩形象的组织结构，在重新组织色彩形象时，注入自己的表现意念，构成新的形象，新的色彩形式。

重构指的是将原来物象中美的、新鲜的色彩元素，根据设计的需求重新的组织、重构到设计中，使之产生新的、美的色彩形象。根据重构后不同的效果。可分为整体色按比例重构、整体色不按比例重构、部分色的重构、形、色同时重构、色彩情调的重构。

1. 整体色按比例重构

在色彩设计中将色彩对象完整的采集下来，遵循原来的色彩关系和面积比例，做出相应的色标，然后按原来的色彩比例运用在新的设计中，其特点是主要色调不变，原物象的整体风格基本不变，如图4-2-1所示。

▲ 图4-2-1　整体色按比例重构

2. 整体色不按比例重构

在服装色彩设计时，将采集色彩对象的色彩完整采集下来，选择典型的、有代表性的色彩，重新应用时不按比例重构。这种重构的特点是既有原物的色彩感觉，又有一种新鲜的感觉，由于色彩比例不受限制，可将不同面积大小的代表色作为主色调，如图4-2-2所示。

▶ 图4-2-2　整体色不按比例重构

3. 部分色的重构

在服装色彩设计时，从采集物后列出的色标中，选择所需的色进行重构，可选某局部色调，也可抽取部分色，其特点：更简约、概括、既要有原物象的影子，又得更加自由、灵活，如图4-2-3所示。

4. 形、色同时重构

在服装色彩设计时，根据采集对象的形色特征，对形概括抽象的在服装设计中做重新组织的构成形式，这种方法设计效果好、能突出整体设计特征，如图4-2-4所示。

▶ 图4-2-3　部分色的重构

◀图4-2-4　形、色同时重构

5. 色彩情调的重构

在服装色彩设计时，根据原物象的色彩情感，色彩风格做神似的重构，重新组织后的色彩关系和原物象非常接近，尽量保持原色彩的意境。这种方法要求作者对采集对象的色彩表现有深刻的理解和认识，才达使其重构后的色彩更具感染力，如图4-2-5所示。

采集重构练习是一个再创造过程，对同一物象的采集，因采集对色彩的理解和认识不一样，也会出现不同的重构效果。

▼图4-2-5　色彩情调的重构

参考文献

1. 林家阳. 设计色彩. 北京: 高等教育出版社, 2005.
2. 李家骝. 色彩表达. 北京: 高等教育出版社, 2008.
3. 杨威. 服装设计教程. 北京: 中国纺织出版社, 2007.
4. 包铭新. 服装设计概论. 上海: 上海科学技术出版社, 2001.
5. 吴波. 服装设计表达. 北京: 清华大学出版社, 2006.
6. 苗莉. 服装心理学. 北京: 中国纺织出版社, 1997.
7. 赵平. 服装心理学概论. 北京: 中国纺织出版社, 2004.
8. 张殊琳. 服装色彩. 北京: 高等教育出版社, 2009.
9. 鲁闽. 服装设计基础. 杭州: 中国美术学院出版社, 2001.
10. 途静芳. 服装设计基础. 北京: 中国青年出版, 2011.
11. 黄元庆. 服装色彩学. 北京: 中国纺织工业出版社, 2010.
12. 海报网
13. 中国女装网